AF325113

BULLETIN
DE LA
SOCIÉTÉ CENTRALE D'AGRICULTURE DU DÉPARTEMENT DE LA SAVOIE

NOTICE
SUR LE
PHYLLOXERA VASTATRIX

HISTOIRE DE SON ORIGINE, SON MODE DE PROPAGATION

MOYENS CURATIFS PROPOSÉS
NOS CRAINTES ET NOS ESPÉRANCES POUR LES VIGNES
DE LA SAVOIE

PAR

Pierre TOCHON

Président de la Société centrale d'agriculture du département de la Savoie.

« Tu planteras une vigne, tu la façonneras,
« mais tu n'en auras pas du vin et tu n'en tireras
« rien, parce qu'elle sera détruite par les insec-
« tes. »
(DEUTÉRONOME, ch. XXVIII, V. 29.)

CHAMBERY
IMPRIMERIE MÉNARD, RUE JUIVERIE, HÔTEL D'ALLINGES

1875

LE PHYLLOXERA VASTATRIX

EN FRANCE

———

Histoire de son origine, son organisation, ses mœurs, sa reproduction, ses différentes manières de se propager, symptômes maladifs qui dénotent sa présence, milieux qui favorisent sa propagation, moyens curatifs proposés, nos craintes et nos espérances pour les vignes de la Savoie.

———

Histoire de l'origine du phylloxera en France.

D'où vient le phylloxera vastatrix que l'on a tout-à-coup découvert sur les racines des vignes du Midi de la France ? telle est la question qui se pose d'elle-même, lorsque l'on écrit l'histoire de cet insecte ampélophage qui a fait son apparition chez nous en 1864.

Cette question qui paraît si simple a divisé en deux camps les hommes d'un savoir incontestable qui se sont occupés de ce puceron.

Les uns n'ont vu dans la nouvelle maladie des ceps qu'un des symptômes de l'épuisement de nos vignes signalé déjà par l'apparition de l'oïdium et d'autres maladies qui n'en auraient été que les avant-courriers.

D'après eux, la cause déterminante immédiate du mal qui se révèle par la pourriture des racines, par l'annihilation progressive de la végétation et par la mort des souches se trouve dans la mauvaise qualité et l'épuisement du sol, dans la permanence d'une même récolte, dans la froidure des hivers et dans la prolongation de la sécheresse.

En suivant cet ordre d'idées, la maladie des racines, due à cet état exceptionnel du sol, aurait facilité le développement et la propagation d'un insecte, jusqu'alors à l'état latent, qui attendait pour se produire des conditions en rapport avec ses besoins.

Ces considérations avaient leur raison de se produire et de se propager lorsqu'on ignorait l'existence d'un puceron miscroscopique se multipliant à l'infini sur la racine des vignes ; mais depuis que, le 15 juillet 1868, MM. Planchon, Gaston Buzille et Sahut découvrirent le phylloxera, destiné à avoir tant de retentissement, il ne semblait plus possible de se faire illusion sur la véritable cause du mal.

Les partisans du système qui consiste à considérer le phylloxera comme *effet* et non comme *cause* de la maladie des vignes n'en sont pas moins encore assez nombreux.

Le phylloxera *cause du mal* a rallié aujourd'hui une majorité assez imposante pour qu'il ne soit plus possible d'élever de doute à cet égard. Comment pourrait-il en être autrement ? Partout où l'on trouve la maladie de la vigne, on trouve aussi des pucerons. C'est une règle constante à laquelle on ne peut opposer une seule exception.

La pourriture des racines est bien la cause déterminante de tous les symptômes extérieurs qu'on observe dans les vignes malades ; mais cette pourriture n'est elle-même que la conséquence des blessures faites par le puceron. L'observation révèle encore qu'au lieu d'être attiré par la pourriture, le phylloxera la fuit sans cesse ; qu'il la précède toujours, qu'il ne la suit jamais.

La solution du problème ainsi posée : le phylloxera est-il la *cause* ou *l'effet* de la maladie de la vigne ? a dans l'application pratique des moyens de guérison à mettre en œuvre une importance considérable.

En effet, si l'invasion de l'insecte est un accident indépendant de l'état sanitaire de la vigne, il faut par tous les moyens possibles faire disparaître le phylloxera, cause de nos désastres viticoles.

Si au contraire la multiplication de l'insecte résultait d'une rupture inconnue d'équilibre dans la constitution de nos vignes, comme on voit les champignons pulluler sur les végétaux morts ou les vers sur les cadavres, on essayerait inutilement d'en entraver la diffusion et la propagation. Il se trouverait, en dépit de tous les efforts, partout où il rencontrerait des circonstances propices, conformément à cette loi universelle qui fait sourdre la vie comme un torrent sans digue dans tout milieu propre à la recevoir.

Ce seraient alors nos vignes qu'il faudrait régénérer pour supprimer ou restreindre en elles les conditions favorables au développement du phylloxera.

En admettant avec la majorité du congrès de Montpellier que l'insecte est la cause du mal, il reste à rechercher comment il est arrivé jusqu'à nous.

Diverses opinions se sont produites sur cette question qui, comme l'a fort bien dit M. Drouin de Lhuys, est tout-à-fait secondaire, puisqu'il ne s'agit pas de savoir d'où il vient, mais comment nous l'éloignerons.

Cependant, plusieurs hypothèses ayant été émises à ce sujet, nous ne croyons pas devoir les passer sous silence.

En écartant l'hypothèse inadmissible de la génération spontanée et d'une création récente, quelques personnes ont cru trouver dans le phylloxera une variété nouvelle d'une espèce ancienne, transformée et pouvant vivre aujourd'hui sur les racines de la vigne ; d'autres pensent que le phylloxera peut avoir existé de tout temps dans nos pays et y avoir vécu inaperçu et inoffensif jusqu'au jour où il s'est brusquement multiplié sous l'empire de circonstances nouvelles.

Le phylloxera peut enfin nous avoir été apporté des pays lointains de l'Inde peut-être, où l'on a vu récemment les vignobles détruits sur une grande étendue par une cause qui n'a pas encore été scientifiquement constatée.

Sa première apparition à peu de distance de Marseille, ce grand entrepôt des marchandises de l'Orient, semblait donner quelque probabilité à cette assertion.

On admet assez généralement qu'il nous est venu de l'Amérique du Nord, où sa présence a été officiellement vérifiée sur les cépages indigènes par les entomologistes des Etats-Unis. Là, son action serait pour ainsi dire insensible, lorsqu'elle s'exerce sur des ceps à demi-sauvages conduits à long bois, tandis que l'insecte américain tue les ceps de l'Europe qu'on cherche à y acclimater.

Nous avons résumé aussi succinctement que possible les opinions des hommes les plus compétents sur les causes probables de l'invasion du phylloxera; il nous reste, pour compléter cette première partie de notre travail, à constater ses étapes pour arriver jusqu'au centre de la France.

D'après M. Laliman, célèbre ampélographe de Bordeaux, qui s'est occupé du phylloxera, ce serait en 1862 que cet insecte aurait été signalé pour la première fois simultanément en Portugal et en Angleterre ; on le retrouve dans les serres de l'Ecosse et de l'Irlande en 1863, sous le nom de Péritymbia vitisana; M. Maxime Cornu a constaté sa présence dans la Gironde en 1864.

En 1865, nous apprend M. Drouin de Lhuys, l'insecte apparaît pour la première fois sur un seul point du département de Vaucluse.

En 1866, il envahit une partie de ce département, en se reproduisant sur des points peu distants les uns des autres. On le signale également dans deux communes du département des Bouches-du-Rhône.

En 1867, on remarque une large tache dans ce département, et la contrée située au nord d'Avignon est envahie.

En 1868, les deux rives du fleuve, depuis la mer jusqu'à Pierrelatte, sont attaquées.

En 1869, l'épidémie arrive aux portes de Nîmes, d'Aix, de Montélimar et de Valence ; des vignes sont atteintes dans l'Hérault et le Var.

En 1870, le mal prend un grand développement dans la même direction.

En 1871, toute la vallée du Rhône, de Valence à la mer et jusqu'à Aubagne, est sous le coup du phylloxera ; les taches deviennent de plus en plus larges dans l'Hérault.

En 1872, le fléau gagne du terrain dans ces deux départements ; on signale sa présence aux environs de Tournon.

Enfin, en 1873 et 1874, soixante communes du Bordelais sont plus ou moins entamées et l'insecte destructeur fait son apparition dans les deux Charentes l'Isère et le Rhône, enfin on le trouve aux portes de Genève.

Au moment où nous écrivons cette notice, le phylloxera a sévi avec plus ou moins d'intensité sur les départements de la Gironde, de Vaucluse, des Bouches-du-Rhône, du Var, de l'Hérault, du Gard, de l'Ardèche, de la Drôme, des Charentes, de l'Isère et du

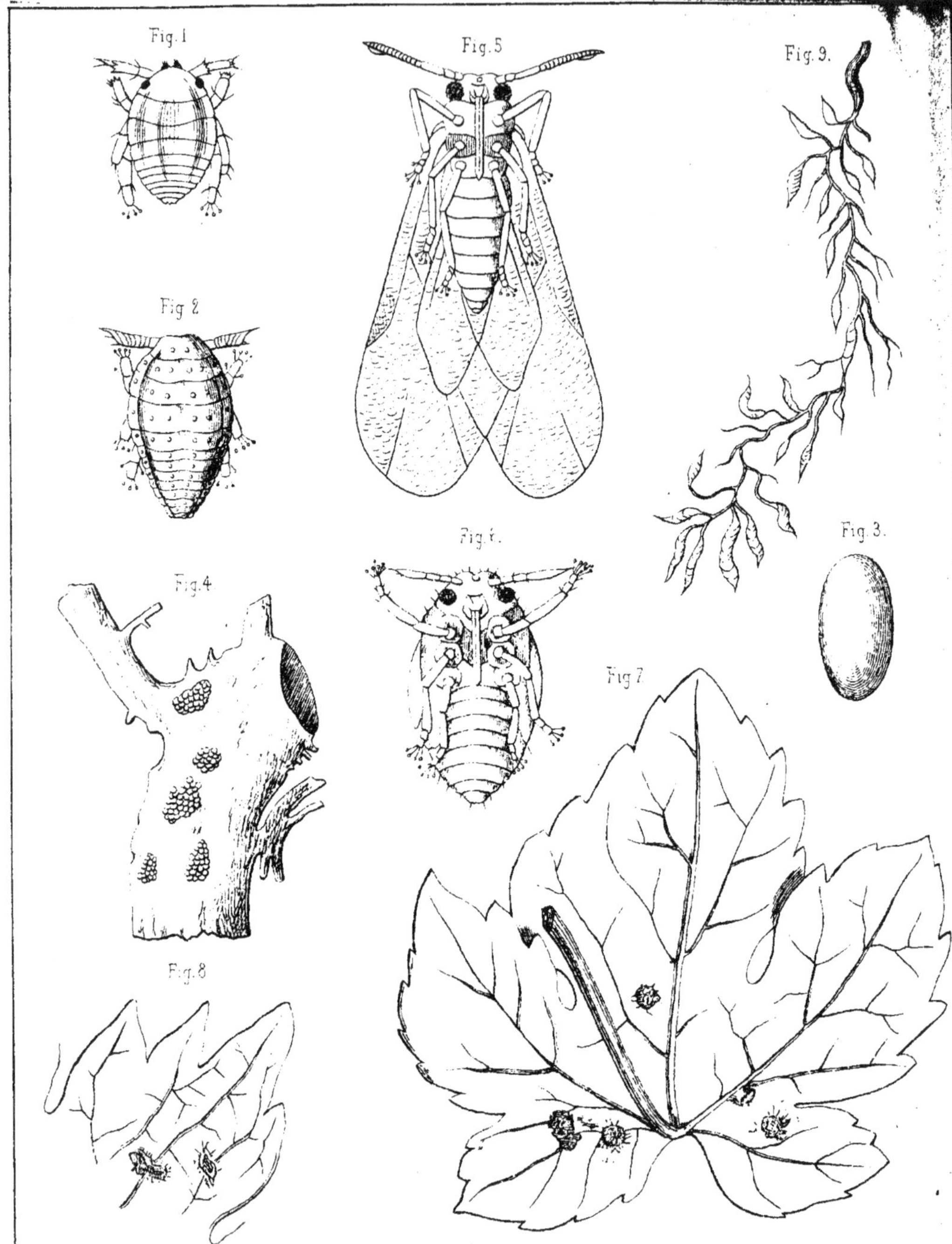

PHYLLOXERA VASTATRIX.

Fig. 1. Jeune, des racines, grossi.
2. Adulte, des racines, grossi.
3. Œufs de Phylloxera grossis.
4. Fragment de racine avec groupe de Phylloxera.
5. Insecte ailé vu en dessous et grossi.
6. Nimphe grossie.
7. Galles placées sous la face inférieure d'une feuille de vigne.
8. Orifices des galles par ou sort le Phylloxera.
9. Radicelles malades avec Nodosités.

Rhône. L'insecte a détruit 200,000 hectares et un million d'hectares sont atteints et menacés.

Ce sont ces trois derniers départements, les plus rapprochés de la Savoie, sur lesquels les points d'attaque sont les plus rares et où le mal s'est développé avec le moins d'intensité.

Le département de Vaucluse est celui qui a eu le plus à souffrir ; sur 30,000 hectares de vignes qu'il avait en 1865, il ne lui en reste plus que 3,000 échelonnés le long des cours d'eau dans des terrains sablonneux.

<h3 style="text-align:center">Organisation,
mœurs et reproduction du phylloxera
aptère et ailé.</h3>

Le nom de phylloxera vastatrix a été donné à l'insecte qui nous occupe par M. Planchon, professeur d'entomologie à la faculté de médecine de Montpellier, qui depuis sept ans s'est voué à l'étude de l'organisation, des mœurs, du mode de reproduction et de propagation de cet ennemi de la vigne.

Nous ne saurions mieux faire que de lui emprunter une partie du résultat de ses savantes recherches.

Le phylloxera vastatrix appartient à l'ordre des *hémiptères* et plus particulièrement au sous-ordre des *homoptères,* dont les cigales, les pucerons et les cochenilles sont les représentants les plus connus.

Le genre phylloxera se compose de femelles *aptères,* c'est-à-dire privées d'ailes, et de femelles ailées ; les mâles y sont inconnus ; sous la forme aptère l'insecte vit sous terre sur les racines des vignes, sous la forme ailée on le trouve sur la terre, dans l'air, il s'enferme parfois dans des galles bursiformes des feuilles.

Que l'insecte se présente à l'état aptère ou ailé, il est toujours ovipare, a plusieurs générations successives dans le courant de l'année.

On trouve le phylloxera aptère sur les racines des vignes à l'état jeune, à l'état adulte et à l'état d'œufs.

A l'état jeune (Fig. 1.), il ressemble à un très-petit pou ; il est ovale et jaune, légèrement verdâtre ; son corselet est lisse ; on le distingue assez difficilement à l'œil nu, surtout lorsqu'il est isolé. En étudiant le phylloxera au microscope, on le trouve armé d'un rostre ou suçoir placé au-dessous du corps, presque entre les pattes antérieures. Ce suçoir, renfermé dans un étui à trois soies extensibles et protractiles, constitue l'appareil actif de la succion qui lui permet de pomper les sucs des plantes.

Le phylloxera même à l'état jeune est relativement agile, il vague quelque temps avant de se fixer à la place qui lui convient, puis immobile, appliqué contre l'écorce nourricière des racines, il passe graduellement à l'état d'adulte et de mère pondeuse.

Le phylloxera adulte (Fig. 2.) mesure 3[4 de millimètre de longueur sur un peu plus de 1[2 millimètre de largeur, il est de forme ovoïde ; au moment

de la ponte, les derniers anneaux de son corps se dé-
boîtent pour laisser échapper l'œuf qui se colle légèrement sur le plan de position ou contre les œufs
déjà déposés.

Les œufs du phylloxera vastatrix (Fig. 3 et 4.)
sont de petits ellipsoïdes allongés, groupés autour
de la mère en petits tas irréguliers ; ils sont d'abord
jaune clair et deviennent, après cinq ou six jours,
d'un jaune sale passant au gris terne. Sous la première couleur, ils se détachent très-nettement sur le
fond souvent brun de la racine et font reconnaître
aisément la présence des mères pondeuses.

Le phylloxera aptère de la vigne compte des pontes en nombre encore indéterminé, mais les générations sorties d'une première femelle se succédant
du 15 mars au 15 octobre sont au moins de 8. On
estime à un mois en moyenne le temps nécessaire à
chaque génération pour être pondue, éclore, muer
trois fois et commencer une génération nouvelle.

La femelle du phylloxera aptère passe l'hiver
comme nous l'indiquerons plus loin, et quand les
premières chaleurs se font sentir, déjà même en mars
si le temps est beau, elle commence à pondre.

Huit à dix jours après, il en sort de petits phylloxera aptères et femelles comme leur mère qui deviennent adultes en 10 ou 12 jours, selon les circonstances, et pondent sans fécondation, phénomène com-
mun et bien observé chez les pucerons des rosiers.

Quant au nombre d'œufs qu'une même femelle
peut produire, il varie suivant les circonstances ; 30

œufs sont le maximum de ponte observé chez une femelle du 15 au 24 août, ce qui donne une moyenne de 5 œufs par jour dans la période chaude de l'année.

En prenant approximativement le chiffre 20 comme une moyenne raisonnable quant au nombre d'œufs et le chiffre 8 comme celui des pontes possibles entre le 15 mars et le 15 octobre, on trouve, par le calcul, cette progression effrayante du nombre croissant des individus ayant pour point d'origine une seule femelle : en mars, 20 ; en avril, 400 ; en mai, 800 ; en juin, 1,600 ; en juillet, 3,200,000 ; en août, 64,000,000 ; en septembre, 1.280,000 ; en octobre, 25,000,600,000, c'est-à-dire, en définitive, plus de 25 milliards.

Ces chiffres doivent sans doute subir une forte réduction dans leur ensemble, parce que tous les insectes n'arrivent pas à l'état parfait et que le nombre des pontes dépend de la température du milieu dans lequel elle a lieu ; ainsi le terme extrême des pontes observées dans le Midi a été le 26 novembre ; il peut se trouver en août ou en septembre dans des circonstances moins favorables.

Cette progression géométrique des insectes destructeurs explique très-bien comment des ravages à peine perceptibles au printemps, encore contenus en été, deviennent un vrai désastre en automne.

Observons en terminant que ce qui semble le plus contribuer à la rapidité de la reproduction du phylloxera est l'abondance de la nourriture. Fixés sur les radicelles succulentes adventives encore jeunes, les insectes grandissent plus vite, muent à de plus courts intervalles et pondent avec plus de fréquence.

Hivernage du puceron. — A partir des froids de novembre, les phylloxera adultes disparaissent épuisés par leur dernière ponte et peut-être décimés par la température froide et humide.

Les jeunes qui leur survivent, réfugiés en petit nombre dans les fissures de l'écorce des racines, restent engourdis, immobiles, attachés par leur trompe au tissu nourricier, mais ne prenant d'accroissement que sous l'influence des premières chaleurs du printemps. Leur couleur à cet état est fauve, terne, comme l'est en été celle des individus mal nourris, qui, souffrant d'une cause quelconque, restent atrophiés des mois entiers. Une fois que l'insecte est entré dans la période de l'engourdissement, l'instinct paraît lui faire entièrement défaut pour fuir devant le danger. S'il doit succomber au froid, à l'eau ou à toute autre cause, il meurt à la place où il s'est fixé pour s'endormir.

Phylloxera ailé. — Nous avons dit que le genre phylloxera se rencontre simultanément à l'état de femelles aptères et à celui de femelles ailées ; il nous reste à faire connaître ce dernier.

On donne le nom de *nymphes* (Fig. 6.), chez les hémiptères, à l'état transitoire des insectes qui de la forme de larve aptère passent à l'état d'insectes ailés ou parfaits.

Chez les individus les plus nombreux du phylloxera

de la vigne, cette distinction entre larve, nymphe et état parfait, se produit par de simples mues, sans être accusée au dehors par des caractères bien sensibles.

Ce n'est pas dans les premiers mois de la ponte que la transformation s'opère, et le nombre des larves qui passent à l'état de nymphes est très-restreint par rapport aux myriades d'insectes aptères.

Les nymphes, au moment de leur évolution, forment çà et là sur les radicelles ou racines de petits groupes d'individus fixés par leur suçoir au tissu nourricier de la racine, tant que leur accroissement n'est pas complet ; mais elles sons errantes et comme agitées lorsque, leur croissance terminée, elles vont se dépouiller de leur maillot et passer à l'état ailé.

Quel est le point de départ de ces nymphes et par suite de l'insecte ailé ? Dans quel milieu se fait cette transformation ? Est-ce dans la terre, sur les racines mêmes, à l'air libre, au pied du cep ou sur le sol ? Ce sont autant de questions encore indécises, car si, grâce aux observations de M. Faucon, on a trouvé l'insecte aptère et l'insecte ailé se mouvant sur le sol, on n'a pas découvert encore où se produit l'évolution de la nymphe à l'état ailé. On suppose cependant que c'est au pied de la souche.

Les femelles ailées du phylloxera (Fig. 5.) représentent d'élégants petits moucherons d'un millimètre de longueur dont les quatre ailes sont horizontalement croisées ; les supérieures, deux fois plus longues que le corps, sont incolores et diaphanes, sauf sur une légère étendue de leur bord externe qui est d'une teinte brun clair. Le corps lui-même de ce moucheron est dans les mois d'été d'un jaune pâle avec une bande brun clair.

Comme nous le verrons un peu plus loin, le phylloxera femelle ailé donne naissance sur les feuilles de vigne à des insectes aptères, recherchant pour leur nourriture les racines des vignes, qui vivent par conséquent sous terre.

La permanence de la fécondité des femelles vierges du phylloxera vastatrix a été l'objet d'observations suivies. Les recherches de MM. Balbiani et Lichtenstein sur le phylloxera du chêne semblent avoir établi d'une manière irréfutable qu'après plusieurs générations de femelles, la force reproductrice se retrempe dans une génération sexuée, composée de mâles et de femelles aptères privés de rostres. L'accouplement accompli, la femelle pond un seul œuf relativement très-volumineux, qui forme le point de départ d'une nouvelle génération de femelles pondeuses et aptères.

Divers modes de propagation du phylloxera.

Bien qu'on ait reconnu que le phylloxera aptère, non content de se propager de proche en proche par les racines des vignes situées dans un même mas, fait des migrations sur le sol même, dès le milieu de juin, il serait difficile de s'expliquer les points d'attaque qui se produisent à de grandes distances des lieux où l'on a observé l'existence de l'insecte, si le phylloxera ailé n'aidait à cette propagation.

Suivant M. Planchon, l'insecte ailé, qui par lui-même a un vol peu étendu, se laisserait emporter au loin par le vent pendant les mois d'août et de septembre et chaque femelle tombée sur une feuille de vigne y déposerait 2 ou 3 œufs.

Après l'éclosion de ces œufs, chaque puceron piquerait avec son suçoir une jeune feuille. Cette piqûre y déterminerait promptement une boursouflure, et c'est dans la cavité de cette petite galle (Fig. 7 et 8.) que l'insecte se logerait pour grossir et pondre ses œufs. Le corps de cet insecte se déforme et ne tarderait pas à prendre une couleur comme tous les phylloxera qui meurent naturellement ou qu'on asphyxie en les maintenant dans l'eau pendant plusieurs jours.

Les galles des feuilles (Fig. 7 et 8.) n'ont pas été rencontrées en grand nombre dans le Midi de la France, mais d'après les communications de M. Laliman, il n'en est pas de même dans le Bordelais où l'on en trouve un peu partout ; malheureusement il s'échappe de ces galles des centaines de phylloxera aptères à l'état jeune qui, se laissant choir sur le sol, attaquent les racines et forment rapidement de nouveaux centres d'attaque.

D'après les indications qui précèdent le phylloxera ailé de la vigne serait le véritable propagateur à de grandes distances de l'insecte aptère des racines.

Symptômes végétaux qui dénotent la présence du phylloxera sur les vignes.

Les vignes attaquées présentent d'après M. Heuzé trois phases ou trois périodes bien caractérisées :

Première période. — Quand le phylloxera attaque une vigne pour la première fois, l'observateur le plus sagace n'observe extérieurement aucun signe susceptible de révéler la présence de cet insecte sur les racines.

Tous les ceps ont une végétation normale : leurs sarments sont longs et vigoureux, leurs feuilles sont nombreuses, amples et d'un vert intense ; leurs grappes sont plus ou moins nombreuses et développées selon les années et la manière d'être des cépages.

Si on arrache alors un des ceps, on constate sur les radicelles du chevelu des renflements plus ou moins globuleux et allongés, dans les plis desquels on constate toujours la présence du phylloxera.

Ces renflements si caractéristiques (Fig. 9.) sont blanchâtres, mais ils brunissent ou noircissent lorsqu'ils restent exposés à l'air. Ils se développent à la suite des piqûres faites par les insectes.

A la fin de l'année, le chevelu du cep ainsi attaqué est en partie désorganisé et l'on remarque déjà sur les racines les plus âgées des nodules causées par les piqûres des pucerons.

Durant l'hiver les phylloxera adultes meurent ; les jeunes, les plus vigoureux, après avoir implanté leur trompe dans l'écorce, restent stationnaires ou comme engourdis sur la racine de la vigne.

Pendant cette période, suivant l'expression si judicieuse de M. Planchon, le mal est à l'état latent, puisque nul signe extérieur ne révèle son existence ou son intensité.

Deuxième période. — Pendant la deuxième période de l'envahissement, les ceps présentent extérieurement des caractères qui permettent de bien apprécier les dommages causés par le phylloxera.

Au centre de la partie malade ou sur laquelle les pucerons exercent leurs ravages, on constate aisément le foyer d'attaque, véritable *tache d'huile* de forme variable, suivant l'expression pittoresque de M. Gaston Buzille. Les ceps qu'on y observe ont une végétation languissante : les sarments sont courts, les feuilles n'ont plus l'ampleur et la belle couleur qui les caractérisent ordinairement quand elles végètent sur des vignes saines ou non altérées ; enfin, les grappes, s'il en existe, sont petites, peu nombreuses et parviennent difficilement à maturité.

Le phylloxera est peu abondant sur les ceps à végétation très-appauvrie, parce qu'il les a abandonnés en grande partie à la fin de l'hiver, époque où cesse son sommeil léthargique, pour se diriger sur les vignes saines qui circonscrivent la surface sur laquelle l'invasion a commencé l'année précédente ; à ce moment, la plante la plus fraîche et la plus succulente attire de préférence les insectes qui viennent de quitter la plante morte. La quantité et la qualité des sucs qu'ils y trouvent favorisent leur développement, augmentent leurs facultés reproductives, et font qu'une racine saine se couvre plus vite d'œufs et de jeunes phylloxera qu'une racine souffreteuse.

Cependant, souvent on distingue encore çà et là, sur les anciennes racines, des groupes plus ou moins étendus de pucerons ; ces réunions y forment des taches jaunes un peu verdâtres.

La plupart des racines des ceps envahis l'année précédente sont brunes ou noirâtres ou comme pourries, et les écorces de plusieurs vieilles racines se détachent déjà aisément.

De plus, on remarque sur les jeunes racines des nodosités ayant l'aspect de véritables chapelets, et on constate ausssi que la séve n'y circule que très-difficilement.

La zone qui limite ce *foyer central* est plus ou moins régulière, plus ou moins étendue, selon la rapidité avec laquelle le phylloxera s'est propagé. Les ceps qu'on y rencontre offrent aussi extérieurement les signes d'une végétation normale. Pour y constater la présence du phylloxera, on est encore contraint de découvrir une partie des racines, de mettre à nu le chevelu et d'examiner les radicelles et les nodosités blanchâtres.

Troisième période. — Le mal pendant la troisième année est plus saisissant encore.

Les souches du centre ou qui occupent le foyer d'invasion sont mortes ou mourantes et les ceps sont noirâtres, comme s'ils avaient été détruits par le feu.

Si les racines ne sont pas complétement pourries ou presque complétement atrophiées, on y observe très-peu de radicelles susceptibles d'entretenir la vie.

C'est pourquoi les ceps sur lesquels la végétation se manifeste encore présentent, pendant le printemps et l'été, des pousses très-chétives et des feuilles remarquables par leur faible dimension et une coloration tout-à-fait anormale.

Les souches mortes présentent rarement des pucerons, celles qui végètent encore ont aussi des racines très-altérées; mais on remarque souvent des insectes dans les fissures que présente leur épiderme, surtout quand elles sont développées et anciennes.

Les vignes de la zone qui, l'année précédente, renfermait les ceps sur lesquels le phylloxera était à l'état latent sont vraiment malades. Elles présentent extérieurement et intérieurement des signes caractéristiques qu'on observait la même année sur les vignes qui constituaient alors le foyer d'invasion.

Cette *seconde zone* ayant aussi une étendue plus ou moins grande, plus ou moins régulière, est limitée par une ceinture de ceps déjà malades par suite de l'infection qui s'étend de proche en proche. Cette *troisième zone* comprend les vignes qui ont une végétation plus ou moins luxurieuse, mais qui sont compromises parce qu'on observe, sur les radicelles, des nodosités blanchâtres et des phylloxera.

Des faits qui précèdent, il résulte :

Que les centres d'attaque constituent dans le principe des points très-circonscrits qui s'agrandissent à mesure que le mal s'accroît ;

Que les vignes envahies présentent des degrés différents d'altération, suivant qu'il s'est écoulé un temps plus ou moins considérable entre l'apparition du fléau et le moment où on l'observe ;

Que le phylloxera, après avoir épuisé une souche, s'en éloigne pour s'attaquer aux racines des souches saines ;

Que les pucerons sont d'autant plus nombreux sur les racines des ceps qu'ils s'éloignent davantage du premier foyer ;

Que les ceps attaqués périssent quelquefois à la seconde, mais toujours à la troisième ou à la quatrième année qui suit le moment où le phylloxera s'est montré pour la première fois dans le vignoble ;

Qu'enfin les parties extérieures des ceps attaqués meurent généralement plus tôt que les parties souterraines.

Caractères anatomiques de la maladie de la vigne.

Les renflements radicellaires (Fig. 9.), qui naissent dix jours environ après l'invasion du phylloxera, sont dus, d'après M. Max. Cornu, d'une part, à l'épaississement de la couche du parenchyme cortical, de l'autre, au développement exagéré et irrégulier d'éléments ligneux. Ces tissus nouveaux sont le résultat d'une hypertrophie déterminée par l'action locale du parasite et non une formation normale.

Les racines plus âgées, qui nourrissent également le phylloxera, ne produisent pas, sous son action, de tissus nouveaux, mais prennent quelquefois une teinte rouge ; cette teinte est due à une substance liquide refringente, d'une couleur orangée,qui remplit quelques-unes des cellules des rayons médullaires.

L'épuisement de la plante n'est pas dû, comme on l'a dit souvent, à l'absorption de la séve par le puceron (à l'époque de la taille, la vigne perd beaucoup de séve sans souffrir), car le phylloxera ne peut souvent avec sa trompe atteindre les vaisseaux du bois ; on observe, en effet, que n'enfonçant dans la racine que le tiers ou la moitié au plus de la longueur de sa trompe, il ne pourrait arriver aux vaisseaux que sur des radicelles inférieures à un demi-millimètre.

Il est bien plus probable que l'épuisement provient d'abord de la naissance et de la nutrition des renflements qui absorbent les liquides nutritifs destinés à un autre objet et les détournent du but naturel.

Cette colonie qui constitue le végétal est alors affamée, les parties les plus jeunes et les plus tendres souffrent plus que celles qui sont consolidées et meurent. Ce sont les renflements et les radicelles elles-mêmes qui sont dans ce cas. Ces dernières même périssent quelquefois avant les renflements. Or elles sont destinées à tirer du sol les aliments de toute la plante et, si elles viennent à disparaître, le cep périra s'épuisant de plus en plus, la mort gagnera de proche en proche des radicelles aux racines et le végétal entier mourra.

Si cependant, par le petit nombre des radicelles qui subsistent, il peut pénétrer des éléments très-nutritifs, la vigne semble revenir à la vie : c'est l'effet des fumures énergiques, mais le puceron n'a pas été tué, et quand elles ont terminé leur effet, la plante retombe.

L'action plus ou moins rapide de la maladie dépend de la facilité avec laquelle le parasite peut circuler dans le sol pour attaquer toutes les radicelles.

La conséquence de tout ce qui précède est que le phylloxera étant la cause des renflements, ces renflements sont la cause de la maladie qui tue la vigne.

Influence des milieux sur la propagation du phylloxera. Influence de l'état de la vigne.

L'admirable vigueur de la vigne, dit M. Duclos, qui lui permet de vivre dans les sols les plus ingrats, de résister aux atteintes que les procédés culturaux dirigent constamment contre toutes ses pousses et quelques-unes de ses racines ; de traverser, sans trop souffrir, les étés les plus torrides, fait que dans la lutte que l'insecte engage contre elle, la vigne ne se rend pas sans combattre, la lutte est plus ou moins longue et il est aisé de se rendre compte des circonstances qui peuvent influer sur sa durée.

Il est évident, en effet, que de deux vignes de même cépage et plantées dans un même sol, l'une vieille et possédant un système radiculaire profond et étendu, l'autre, au contraire, jeune : celle-ci, en cas d'invasion égale pour les deux, paraîtra la première atteinte, résistera moins et pourra être morte, lorsque son aînée sera encore florissante, mais l'effet est passager et la destruction de la vieille vigne n'est qu'une affaire de temps.

Il est évident encore que de deux vignes de même âge plantées dans un même terrain, l'une bien travaillée et abondamment fumée, l'autre laissée sans soins et sans engrais, la première résistera plus long-temps que la seconde.

Le mouvement de reprise constaté dans des vignes atteintes, à la suite d'une fumure abondante, soit par la production de nouvelles racines, soit par un meilleur fonctionnement des anciennes, a souvent fait croire à l'efficacité de ce mode de traitement de la maladie.

Il est évident enfin que de deux vignes de même cépage et de même âge, l'une plantée dans un sol peu profond, fertile du reste si l'on veut, et l'autre dans un terrain beaucoup plus profond, la première montrera les indices du mal et périra avant l'autre, qui pourra résister très-longtemps. Tel est le cas des treilles qui restent indemnes généralement, sinon d'une manière absolue, et qui doivent cette immunité relative à la profondeur de leurs racines, au tassement presque toujours complet du sol où elles vivent, peut-être aussi aux abris qui les avoisinent.

C'est donc, en somme, à l'état plus ou moins parfait de son système radiculaire que la vigne emprunte sa force de résistance à l'invasion. Chaque année nouvelle l'affaiblit, à chaque printemps elle paraît plus souffrante, mais jusqu'au dernier moment elle lutte, pousse de courts rejetons et ne s'avoue vaincue que lorsque toutes ses racines sont mortes et qu'elle ne trouve plus moyen de s'en créer de nouvelles. C'est dire que si, par des arrosements répétés, par une fumure abondante, par un simple buttage du cep jusqu'au collet, on détermine sur des vignes, même fortement atteintes, un développement de racines adventives, la plante semblera renaître et l'on croira à sa guérison, ainsi que cela est arrivé trop souvent, jusqu'au moment où l'insecte, envahissant ces nouvelles racines, donnera le coup de grâce au végétal.

Il serait heureux qu'à ces moyens de résistance. qu'elle doit au nombre et à la puissance de ses racines, la vignes pût joindre ceux que lui donnerait la nature de son cépage. Mais on ne connaît pas de vignes dont l'immunité soit absolue ; seuls quelques cépages américains, appartenant au groupe *æstivalis*, paraissent résister. Quant aux cépages français qui méritent plus que les américains le nom de vignes, tous sont attaqués.

Influence du sol.

Dans la lutte engagée entre le phylloxera et la vigne, le terrain où celle-ci plonge ses racines peut intervenir de deux manières fort différentes : en faveur de la vigne d'abord, par son degré de profondeur, de fertilité et même par sa constitution chimique.

Mais le terrain peut aussi influer sur l'extension du puceron par les facilités plus ou moins grandes qu'il offre à sa circulation, c'est-à-dire surtout par sa constitution physique.

Les terrains sablonneux sont, sans contredit, ceux où l'insecte voyage le plus difficilement.

Les terrains argileux gras et glissants, lorsqu'ils sont humides, sont facilement perméables à un insecte aussi petit. Ce même terrain se fendille assez fortement en séchant et se creuse non-seulement des sillons perpendiculaires au sol, mais des fissures autour des racines, qui restent ainsi à nu, lorsque la sécheresse se prolonge, sur des longueurs quelquefois considérables ; de plus, le laboureur les laisse en mottes consistantes, quelquefois très-difficiles à briser, et séparées par des cavités nombreuses que l'insecte peut parcourir dans tous les sens.

Quant aux terrains calcaires, lorsqu'ils sont terreux, ils jouissent à quelque égard des mêmes propriétés que les précédents ; ils se laissent seulement traverser plus facilement par la pluie. Les labours y laissent aussi des vides longs à combler. Si au contraire ils renferment des cailloux calcaires, ceux-ci sont et restent constamment soulevés par l'action de la charrue ou la croissance des racines. Ce n'est que dans le cas où le calcaire y est disséminé sous la forme de sable ou de petits graviers que les terrains calcaires peuvent se rapprocher un peu par leurs propriétés des terrains sablonneux, parce que bien tassés par la pluie et le beau temps, enveloppant les racines, ils présentent de grandes difficultés de circulation à l'insecte.

Les terrains marneux et argilo-calcaires seront très-perméables à l'insecte; il n'en sera pas de même de ceux formés de gros cailloux roulés, fortement cimentés par une terre argileuse.

Sur les terrains sablo-calcaires et sablo-argileux et spécialement sur ceux où le sable est assez en évidence pour qu'on leur donne le nom de terrains sablonneux, la résistance à la pénétration de l'insecte sera absolue.

En résumant ce qui précède : on peut admettre, qu'à égale perméabilité des terrains, les vignes en sols peu profonds, bien drainés, mais peu favorables, mal cultivés et mal fumés, seront les premières atteintes.

On peut admettre encore que dans les sols également bons au point de vue agricole, les terrains argileux, froids, sujets à l'humidité, surtout ceux qui forment fond de cuvette, ne montreront qu'après les précédents les ravages de la maladie et qu'ensuite viendront les terrains calcaires.

On peut admettre, enfin, que la maladie apparaîtra peu à peu sur les autres espèces de sols, avec une lenteur qui sera en raison composée des forces qu'y puise la vigne et des obstacles qu'y rencontre l'insecte, pour ne respecter à la fin que les vignes plantées sur les terrains sablonneux impénétrables au puceron.

On trouve dans le département de Vaucluse un exemple de l'influence réunie du sol et de la culture sur le développement de l'insecte ; ce sont, en effet, les ceps placés dans les terrains pierreux, maigres, secs, mal défoncés, médiocrement cultivés, où les racines de la vigne étaient plus étalées que profondes, qui ont eu le plus à souffrir et qui ont été les premiers détruits.

L'élévation habituelle de la température, la sécheresse, l'humidité des saisons, le froid plus ou moins prolongé de l'hiver, ont aussi une influence sur la rapidité de la propagation du phylloxera.

Les hivers très-secs de 1866 et 1867 ont été cause de l'extension rapide du mal ; les pluies tombées en août, septembre, octobre et novembre 1868 ont, au contraire, entravé sa marche. Le froid ne paraît pas atteindre le phylloxera lorsqu'il se trouve à une certaine profondeur dans le sol ; il n'en est pas moins vrai qu'à mesure que l'insecte s'éloigne du Midi, sa marche envahissante est plus lente, ses points d'attaque moins multipliés. Sans doute, ce résultat est dû à l'action combinée de l'humidité et du froid et de leur prolongation pendant une période plus longue que celle qu'elle a dans le Midi.

Essais de guérison des vignes attaquées par le phylloxera.

Les insecticides.

Lorsqu'en juillet 1868, M. Planchon eut découvert que la nouvelle maladie de la vigne était due à un insecte et qu'il lui eut donné le nom qu'il a pris dès lors, l'attention se porta naturellement sur les insecticides : elle est restée concentrée de ce côté depuis cette époque.

Plusieurs causes se réunissent pour faire craindre qu'avec leur aide seule la solution ne soit pas heureuse. La difficulté, en effet, n'est pas de trouver une substance pouvant tuer l'insecte, mais bien de la faire arriver économiquement, d'une manière pratique, jusqu'à l'insecte caché dans les profondeurs du sol.

Les insecticides liquides ou solides qui sont insolubles dans l'eau étant éliminés par cette seule remarque, il reste ceux qui sont solubles et, dès lors, la question se complique de la difficulté de transporter sur les vignes la quantité énorme d'eau nécessaire pour humecter la plus grande partie des racines. C'est le sol tout entier à imprégner d'eau sur une profondeur assez grande; c'est pour une profondeur moyenne d'un mètre et avec un hectolitre d'eau par mètre cube de terre, ce qui est insuffisant, 10,000 hectolitres à porter par hectare.

On peut, il est vrai, essayer de profiter des pluies d'automne, mais il n'y en a pas d'assez abondantes pour mouiller la terre à une profondeur suffisante.

Enfin, il faut trouver un insecticide d'un bon marché relatif, sans action sur la vigne, qui ne soit pas retenu et absorbé par le sol, et qui puisse pénétrer, à la dose voulue, jusqu'aux derniers insectes.

Aussi, malgré de nombreux essais expérimentés, tous les insecticides se sont montrés jusqu'à ce jour d'une efficacité nulle ou très-contestable, et nulle part on n'a constaté la mort ou seulement la disparition du puceron. Le coaltar seul a donné des résultats dans lesquels la somme des bons l'emporte sur celle des mauvais.

Les engrais.

Si maintenant on se montre moins exigeant et si on demande non pas le moyen de sauver une vigne malade, mais seulement de prolonger son existence pendant quelque temps, on trouve une solution partielle à ce problème : c'est ainsi que des fumures abondantes et des soins nombreux de culture ont permis de soutenir des vignes malades. L'acide phénique employé à un demi pour 100 en arrosage au pied des ceps a donné le même résultat ; le déchaussement en hiver et le buttage en été, en provoquant le développement de racines adventives, a aussi contribué à prolonger la vie de quelques vignes.

Des nombreuses expériences faites jusqu'à ce jour on doit conclure : 1° qu'on ne doit jamais abandonner à elle-même une vigne attaquée, sous peine de faciliter la propagation du mal avec une grande intensité et de la voir mourir rapidement ; 2° qu'on ne peut sauver une vigne que par des traitements énergiques, renouvelés tous les ans ; 3° que les engrais qu'il convient d'employer sont ceux composés de mélanges d'engrais riches en potasse et en matières azotées, surtout quand certains d'entre eux présentent des propriétés insecticides, tels que les mélanges dans lesquels entrent les sulfures et les sulfates alcalins et terreux (sulfure de potassium ou sulfure de calcium), les sels d'été des salines, la suie, les cendres végétales, l'ammoniaque, enfin la chaux ; 4° que ces amendements ne suffisent pas, qu'il faut, de toute nécessité, donner à la vigne du bon fumier de ferme, des engrais actifs tels que le purin, l'urine, le guano, les sels ammoniacaux et potassiques, afin de lui assurer une vigueur qui lui permette de résister à son ennemi.

La submersion.

Le seul insecticide qui ait fait ses preuves, jusqu'à ce jour, c'est l'eau employée selon la méthode Faucon, par submersion automnale de novembre ou décembre, durant trente ou quarante jours.

Seulement, l'insecte tué par sa longue immersion dans l'eau, la vigne n'est pas sauvée d'une nouvelle invasion : il faut lui donner le moyen de résister par des fumures, par des engrais appliqués pendant l'hiver. Il convient même de faire une petite irrigation au mois de mai. Dans ces conditions, ce procédé réussit toujours, autrement il rencontre des échecs.

Le sablage des vignes.

On sait, depuis l'origine du fléau, que les terrains sablonneux s'opposent sinon à la propagation du moins à la multiplication du phylloxera. L'ensablement des vignes est tout naturellement un moyen indiqué pour arrêter la marche de l'insecte ; seulement ce procédé est d'une application coûteuse et peu praticable sur une grande échelle.

L'arrachage et le brûlis des souches.

On a cherché un moyen de défense dans l'arrachage et la combustion des souches atteintes. Ce procédé employé dès le début de la maladie, alors que les points d'attaque sont très-circonscrits, peut avoir de bons résultats ; il faut, pour en obtenir tout ce qu'on en espère, arracher la vigne et livrer les souches au feu au moment même où on les sépare du sol ; c'est par une étude attentive des racines qui avoisinent le point d'attaque qu'on s'assure où doit se limiter le sacrifice ; car si on s'arrête trop tôt, le développement de l'insecte sera momentanément entravé, mais il reprendra peu après sa marche envahissante.

Du reste, même en apportant le plus grand soin à ce moyen d'opposer une digue au fléau, il est très-difficile que l'opération d'arrachage soit assez bien faite pour ne pas laisser en terre une certaine quantité de racines ou de radicelles où l'insecte continuera à vivre et à se multiplier. Ce sont ces considérations qui se sont opposées, jusqu'à ce jour, à l'application générale de ce moyen de destruction du phylloxera.

En somme, conclut M. Duclos, le procédé d'immersion préconisé par M. Faucon est le seul, actuellement connu, qui, dans des conditions abordables comme travail et comme prix, puisse permettre de sauver un vignoble atteint. Mais, quelle que soit sa valeur, il ne pourra jamais être appliqué partout, surtout sur les coteaux qui fournissent les vins les plus distingués.

Qu'y a-t-il donc à faire ? observer les conditions biologiques de l'insecte et voir si l'on ne pourrait pas découvrir, dans la connaissance de ses mœurs et de ses migrations, un point où l'on pourrait le saisir, ou du moins un point où, par des moyens culturaux, il deviendrait accessible soit aux insecticides, soit à la main de l'homme.

Le phylloxera dans l'Est
de la France.

C'est en 1871 qu'on a trouvé pour la première fois des vignes phylloxérées aux environs de Valence ; l'année suivante l'insecte s'avance en suivant et en remontant le cours du Rhône jusqu'à Côte-Rôtie ; en 1873, il continue sa marche dans cette direction et, en 1874, on signale, presque simultanément, sa présence dans les vignes du Beaujolais, sur quelques coteaux de l'Isère et dans une seule vigne du canton de Genève.

Cette apparition du phylloxera sur des points aussi éloignés les uns des autres pourrait faire croire que tous les vignobles qui les séparent ont subi les atteintes du mal ; heureusement il n'en est rien ; nous devons même constater qu'à mesure que l'insecte s'avance vers les climats tempérés, son développement est plus lent, sa force d'expansion, sa multiplication moins active.

Trois ans se sont écoulés depuis l'apparition du phylloxera dans la D. ôme, et le mal se trouve encore concentré sur des surfaces relativement peu considérables comparées au développement de l'insecte dans le Midi, pendant le même laps de temps.

On croirait en voyant le puceron hésitant dans sa marche en avant, qu'il craint de s'aventurer sous un ciel moins clément que celui qu'il a rencontré jusqu'à ce jour.

En recherchant les motifs du ralentissement qui se produit dans le développement du phylloxera à mesure qu'il s'avance vers l'Est, nous sommes conduits à l'attribuer :

En premier lieu, à la réduction du nombre de pontes de l'insecte, qui cesse de pondre aussitôt qu'il se manifeste un abaissement un peu sensible de température.

La moyenne de ces pontes étant de 8 dans le Midi, du 15 mars au 15 novembre, elle ne sera plus chez nous que de 3, 4 ou 5, selon lès lieux, parce que l'insecte entre dans sa phase d'engourdissement beaucoup plus tôt en automne et qu'il y restera beaucoup plus tard au printemps.

Le *second motif* se trouve dans la persistance des pluies automnales, dans la chute des neiges en hiver et dans l'abaissement de température qui en est la conséquence.

Sous ces influences la terre s'imprègne d'une grande quantité d'eau qui s'évapore lentement, la terre gèle profondément et l'insecte placé dans des conditions aussi défavorables se trouve en partie noyé ou gelé, en partie assez malade pour retarder l'époque de ses évolutions.

Un *troisième motif* de la rareté des points d'attaque dans l'Est semble devoir être attribué, d'un côté, au peu de violence des vents qui soufflent habituellement, vents qu'on croit les véritables propagateurs du phylloxera par l'intermédiaire du puceron ailé : et la situation même de nos vignobles placés à de grandes distances des uns des autres, en laissant dans l'espace intermédiaire des terres à blés, des prairies, des bois ou des montagnes que l'insecte doit franchir pour faire de nouvelles victimes.

On voit par ce qui précède que l'immersion des vignes, pendant l'hiver, seul moyen assuré, jusqu'à ce jour, de garantir les ceps du Midi de la France des atteintes du phylloxera, se trouve naturellement en application dans les climats tempérés, où les hivers sont longs et rigoureux.

Cette intervention climatérique nous permet d'espérer que les vignobles de l'Est seront moins vite envahis, se défendront plus longtemps et auront moins à souffrir que ceux des départements méridionaux.

Nos craintes et nos espérances pour les vignes de la Savoie.

On voit par ce qui précède que tout semble se réunir d'une part pour entraver la rapidité habituelle de l'invasion, d'autre part pour retarder, peut-être même pour empêcher l'apparition du phylloxera dans nos vignes.

Cette espérance se raffermit, lorsque l'on jette un coup d'œil sur les remparts de montagnes d'une grande élévation dont se trouve entouré le sol de la Savoie : il semble que le phylloxera s'arrêtera affamé, sera anéanti devant ces forteresses couvertes de forêts, de neige et de glaciers.

Ne nous confions cependant pas trop dans cette immunité ; fumons, soignons nos vignes, pour les préparer à la résistance : soyons prudents, évitons tout ce qui peut de près ou de loin favoriser l'introduction de l'insecte , un seul cep enraciné venu d'un pays phylloxéré, un seul puceron apporté sur ses radicelles, peut être le point de départ de l'invasion de nos vignes. Retardons, ajournons pour toujours, s'il le faut, l'introduction d'un plant étranger s'il doit nous occasionner d'aussi grands désastres que ceux dont nous avons été témoins dans le Midi de la France.

Eloignons par tous les moyens en notre pouvoir l'époque de l'invasion de nos vignes. Si plus tard, de proche en proche, le phylloxera arrive jusqu'à nous, plus heureux que tant d'autres départements, nous aurons récolté, nous aurons gagné du temps et c'es beaucoup : car nous croyons fermement avec M. Lichtenstein, de Montpellier, que le phylloxera, comme tous les autres insectes, aura ses périodes d'invasion violente, de mal chronique plus modéré ou d'innocuité absolue, et plus nous nous éloignerons du point de départ de l'invasion, plus nous nous rapprocherons du moment où le phylloxera aura acquis sa période d'innocuité.

Pour compléter l'étude que nous venons de faire, il nous resterait à parler de quelques variétés de

ceps américains, résistant aux atteintes du phylloxera, comme moyen de replanter, sans craindre de
nouveaux désastres, les vignobles détruits par cet
insecte : mais écrivant pour un pays où l'on n'a pas
signalé jusqu'à ce jour un seul point d'attaque, après
avoir indiqué les motifs qui nous font entrevoir la
possibilité de n'être pas même attaqués, nous aurions
mauvaise grâce aujourd'hui de faire cette étude ; nous
aimons mieux espérer que nous n'aurons jamais be-
soin d'y revenir (1).

Chambéry, le 15 décembre 1874.

P. Tochon.

---

(1) Voir pour les vignes américaines le rapport ci-après
du même auteur sur les courses du congrès de Montpellier.

LES COURSES

DU CONGRÈS INTERNATIONAL DE MONTPELLIER

Les organisateurs du congrès international de Montpellier avaient sagement combiné le programme des questions qui devaient y être traitées, de manière à faire alterner les visites dans les vignobles et dans les centres viticoles les plus importants avec les séances des 26, 28 et 30 octobre.

Nous allons essayer de résumer les impressions que nous avons rapportées de nos visites à Prades et à Saint-Clément, aux domaines de Las Sorres, de Saporta et de Saint-Sauveur, aux chaix de Cette et de Mèze, à l'école d'agriculture de la *Gaillarde*, enfin, *intra muros*, à l'exposition vinicole et ampélographique de la rotonde du Tribunal de commerce.

Visite à Prades et à Saint-Clément.

Le but de la course du 27 octobre était de faire parcourir aux membres du congrès les deux communes de Prades et de Saint-Clément, [où le phylloxera a exercé le plus de ravages depuis son invasion dans le département de l'Hérault.

Il n'est pas possible d'imaginer un spectacle plus attristant que celui que présentent ces plaines, ces coteaux et ces collines où, il y a trois ans à peine, on voyait des souches couvertes de pampres et de raisins qui ne présentent plus aujourd'hui que des bourgeons raccourcis, des têtes de ceps épuisées ou mortes, dont le sol qui les porte n'a reçu aucune culture, enfin de grands vignobles arrachés qu'aucune autre plante n'a remplacés.

C'est dans ce centre phylloxéré que se trouve lapropriété de M. Fabre, avocat du barreau de Montpellier.

L'exploitation de M. Fabre était l'objectif de notre course, c'est là que nous devions visiter l'un des propriétaires le plus atteints par les ravages du phylloxera et le plus courageux, dans sa lutte, pour combattre le vide créé autour de lui par l'insecte destructeur des vignes.

M. Fabre a bien voulu, du haut du perron de son habitation, initier les membres du congrès aux péripéties des trois dernières années de son exploitation.

Il y a trois ans à peine que les vignobles de M. Fabre ont été attaqués par le phylloxera, il ne paraît pas avoir essayé d'arrêter la marche rapide du malen lui proposant les moyens employés jusqu'alors : aussi deux ans après il n'avait plus de vignes.

Il fallait trouver un moyen de repeupler ces coteaux trop accidentés pour qu'il fût possible d'y cultiver des céréales.

M. Fabre avait beaucoup entendu parler des travaux de M. Laliman sur la culture des cépages américains, qu'un malheur semblable à celui qui le frappait avait fait sortir de ses belles collections pour en faire des plantations dans des vignobles détruits par le phylloxera. Il savait que plusieurs des cépages du Nouveau-Monde pouvaient vivre avec le phylloxera sans en éprouver les atteintes.

M. Fabre n'a épargné ni courses, ni voyages lointains pour étudier les cépages américains tant au point de vue de leur fécondité qu'au point de vue de la nature, de la qualité et des défauts des vins qu'on pouvait en obtenir.

Ces investigations avaient amené M. Fabre à s'assurer ; 1° qu'il est des cépages, notamment les variétés obtenues des *rotondifolia*, qui ne sont jamais attaqués par le phylloxera, mais qui ne sauraient entrer dans la grande culture ; 2° que le *concord*, le *hartfort-prolific*, l'*yvesseling*, etc., résistent aux attaques du phylloxera, qu'ils sont trèsféconds, mais que les vins qu'ils donnent sont médiocres ; que les variétés de la famille des *œstivalis*, tels que l'*herbemont*, le *cuningham*, le *jacquez*, le *cynthiana*, etc., donnent des raisins très-serrés qui n'ont pas de goût trop accentué de fruit ; 4° que le *clinton* de la famille des cordifolia reprend aisément de bouture et donne un vin agréable.

Fort de ces renseignements, M. Fabre a fait venir d'Amérique 300,000 boutures avec lesquelles il a entrepris de repeupler son domaine.

Pour hâter la production de ses nouvelles plantations, le propriétaire du domaine de Prades a entrepris de greffer ses vieilles souches mourantes ; mais comme il s'agissait d'affranchir les greffes en leur faisant pousser des racines, il a eu recours au procédé suivant :

Les souches déchaussées ont été coupées à 20 et même à 25 centimètres au-dessous du niveau du sol, c'est sur ce tronçon qu'on a inséré un greffon de plant américain.

Sous l'influence de la séve du porte-greffe, la partie du greffon en terre a rapidement poussé des radicelles, tandis que la partie supérieure développait des bourgeons qui ont atteint, en peu de temps, jusqu'à 2 mètres de longueur.

Par ce procédé ingénieux, M. Fabre a gagné près de deux ans sur le bouturage ordinaire, et déjà la plus grande partie de ses anciennes vignes sont garnies de plants américains qui donnent les meilleures espérances.

En rapprochant les travaux de M. Fabre des indications que nous a fourni le congrès et des résultats obtenus avec des plantations anciennes de plants américains, nous sommes amené à conclure :

1° Que quelques cépages américains de la famille des *œsttavilis*, des *cordifolia* et des *riparia* peuvent remplacer utilement nos vignes pour fournir des vins ordinaires ;

2° Que ces cépages résistent aux attaques du phylloxera et qu'il n'y a aucun inconvénient à les planter dans les centres où cet insecte ampélophage existe ;

3° Que si les vignes américaines ne portent pas toujours des pylloxeras, elles en sont souvent garnies ; qu'il y a ainsi danger de transporter et de planter ces cépages dans les pays où cet insecte n'a pas encore fait son apparition ;

4° Que les vignes américaines ne se prêtent pas à la taille courte, qu'il faut, au contraire, les conduire en cordons ou en treille, de manière à donner à leurs pampres un grand développement.

5° Qu'enfin les vignes américaines peuvent être avantageusement utilisées comme *porte-greffe* de nos cépages français.

Visite au domaine de Las Sorres.

C'est sur le domaine de Las Sorres, situé à peu de distance de Montpellier, qu'ont été expérimentés en 1872, 1873 et 1874, sous la haute direction de M. Henri Marès, correspondant de l'Institut, les procédés proposés pour la destruction du phylloxera vastatrix.

La vigne qui sert de champ d'expérience est plantée d'aramons de 10 à 12 ares, le phylloxera l'a attaquée sur plusieurs points à la fois et toutes les racines portent cet insecte.

M. Marès est venu lui-même donner des explications sur le mode de procéder et sur les résultats obtenus.

Chaque expérience est faite sur 25 ceps, 25 autres non traités servent de point de comparaison.

Les expériences ont porté sur 89 procédés adressés par leur auteur au ministre de l'agriculture.

Il serait trop long d'énumérer tous les systèmes préconisés comme moyen *infaillible* de détruire l'ennemi le plus acharné de nos vignes.

Nous nous contenterons de constater que le procédé qui a donné le meilleur résultat consiste dans l'arrosement de chaque souche avec 100 grammes de sulfate de potassium et 20 litres d'urine humaine. Vient ensuite le semis sur le sol de sulfate de fer, d'engrais sulfatisé de *Berre* et de tourteau de colza ; puis l'arrosement de sulfure de potassium dans de l'eau : ont donné des résultats indentiques, la fumure avec de la suie, l'arrosement avec de l'urine de vache, additionnée d'huile de cade, l'arrosement avec une solution de savon noir dans de l'eau, la fumure avec 5 kil. de fumier de ferme arrosé avec une solution de 30 gr. d'aloès dans 10 litres d'eau, 30 gr. de goudron de gaz et 3 gr. de camphre ; l'arrosement avec 15 litres d'urine de vache, l'arrosement des ceps préalablement fumés avec de l'eau contenant du soufre rendu salubre par un procédé particulier, la fumure avec 5 kilos de fumier de ferme, 2 litres de cendres de bois et un 1/2 litre de chaux grasse ; la fumure avec 5 kil. de fumier de ferme, un kil. de cendres et 60 grammes de chlorhydrate d'ammoniaque, la fumure avec des tourteaux de ricin.

Nous ne reproduisons pas les procédés qui ont obtenu de moindres résultats parce qu'à nos yeux ces expériences n'ont rien de concluant et qu'aucun des procédés proposés n'a rendu la vie et la fécondité aux ceps attaqués en tuant le phylloxera.

Nous croyons cependant devoir reproduire la conclusion des membres de la commission, qui a été publiée dans un mémoire du 22 octobre passé. Voici ces conclusions :

« Reprenant et complétant les termes dont elle s'est servi dans son rapport de 1873, la commission se croit autorisée à déduire des résultats obtenus en 1874 que, sans faire disparaître le phylloxera, les mélanges d'engrais riches en potasse et en matières azotées, surtout quand certains d'entre eux présentent des propriétés insecticides, tels que les mélanges dans lesquels entrent les sulfures et les sulfates alcalins et terreux, les sels d'été des salines, la suie, les cen- dres végétales, l'ammoniaque, la chaux, ont produit de bons effets sur les vignes malades, en activant leur végétation, en augmentant leur production et en permettant à leur fructification de s'accomplir. »

Les membres du congrès ont quitté le champ d'expérience de Las Sorres pour visiter à Saporta le beau cellier de M. Vialla, où le président du congrès séricicole pratique sur les vignes la culture la plus intensive qu'il soit possile d'appliquer. Aussi, malgré l'invasion de son vignoble, le propriétaire a encore récolté en 1874 plus de 9,000 hectolitres de vin.

A peu de distance de Saporta se trouve le domaine de Saint-Sauveur, pour lequel M. Gaston Bazile, président de la Société centrale d'agriculture de l'Héraut, a obtenu la prime d'honneur en 1868.

Saint-Sauveur a été dès le début attaqué par le phylloxera : deux moyens, qui ont réussi, ont été mis en œuvre pour combattre sa funeste influence.

Une partie des vignes peut être submergée pendant l'hiver ; ce moyen a été mis en œuvre et il a donné de bons résultats, (en y joignant l'emploi des fumures avec l'engrais de ferme. C'est encore en fumant énergiquement avec le même engrais les vignes non submersibles qu'on est parvenu à les conserver, à maintenir leur vigueur et leur fécondité.

Pour obtenir la quantité d'engrais qui lui est nécessaire, M. Gaston Bazile a un troupeau de 40 bêtes à cornes qu'il entretient constamment sur sa ferme ; ce troupeau a été jusqu'à présent le sauveur de ses vignes, il lui a permis de résoudre la question du phylloxera en lui fournissant le moyen de faire vivre l'insecte dévastateur sur le cep sans le tuer, sans même diminuer d'une manière sensible la récolte normale.

Cette visite a produit un grand soulagement aux membres du congrès, que la vue des vignes de Prades et de Saint Clément avait jettés dans la consternation, que la visite au champ d'expérience de Las Sorres n'avait pas rassurés, mais qui se sont trouvés heureux de constater que tout n'était pas désespéré puisque, en plein pays phylloxéré, on trouvait encore d'aussi belles vignes que celles de Saint Sauveur.

Visite à la ferme-école de la Gaillarde.

On sait qu'il y a trois ans à peine le gouvernement résolut de créer une école d'agriculture pour la région méditerranéenne et qu'il décidât en même temps que Montpellier en serait le siége.

Ce projet a été mis à exécution et les membres du congrès ont été appelés à juger de la belle installation de cette école qui ne laisse rien à désirer sous le rapport des salles d'étude, des laboratoires de chimie et de physique, des collections de toute nature.

Le corps enseignant, à la tête duquel on a placé M. Lœuillet, l'ancien directeur de l'école de la Saulsaie, est très-bien composé. et comple des professenrs du plus grand mérite.

L'école de la Gaillarde a donc tout ce qu'il faut pour prendre un rang distingué à côté de Grignon et de Grand-Jouan, nous y mettons cependant une condition, c'est qu'on remplacera l'externat par l'internat, car pour nous qui sommes sorti de l'une de ces écoles, nous ne croyons pas possible d'allier les études sérieuses qu'on y fait avec les distractions inséparables du séjour des élèves dans une grande ville.

Visite à l'exposition vinicole et ampélographique de la rotonde du Tribunal de commerce de Montpellier.

La Société centrale d'agriculture de l'Hérault avait fait coïncider une exposition vinicole et ampélographique des produits de la région avec la tenue du congrès.

Cette exposition était installée dans la rotonde du Tribunal de commerce ; nous ne dirons rien des nombreux échantillons de vins apportés de tous les points de la région, nous croirions, en le faisant, sortir des bornes de notre sujet ; mais nous devons dire un mot des expositions annexes admises dans ce local.

Les cépages américains étant à l'ordre du jour pour remplacer les cépages phylloxérés, MM. Lalliman de Bordeaux et Pulliat de Chirouble avaient envoyé des échantillons de leur collection, qui pouvaient être utilisés pour la fabrication du vin, ces ceps avaient encore leurs grappes et chaque visiteur a pu les déguster. Sur des étagères se trouvaient les vins fabriqués avec des raisins américains récoltés dans le pays ou tirés d'Amérique.

Nous avons constaté avec plaisir que quelques-uns d'entre eux, notamment celui que M. Laliman nous a présenté comme provenant des Jacquez, a été reconnu de bonne qualité, sans goût de fruit prononcé, reproche que l'on adresse à la plupart des vins d'Amérique.

A côté de cette exposition, M. Henri Bouchet, que tout le monde connaît par les beaux résultats qu'il a obtenus de l'hybridation de quelques cépages pour obtenir des raisins à jus coloré, avait exposé des spécimens d'un greffe auquel il donne le nom de *greffe-bouture* et qui, comme l'indique son nom, se pratique sur le sarment de l'année destiné à former une bouture.

La bouture de M. Bouchet se compose d'un porte greffe, levé sur un plant américain, et d'un greffon pris sur les plants du pays que l'on veut reproduire ; on comprend les résultats de cette opération : la bouture prend racine et l'on a, sans travail nouveau, sans perte de temps, une souche américaine à l'abri des attaques du phylloxera produisant des raisins français.

Cette heureuse innovation avait été précédée d'un autre système applicable au provignage et que pour ce motif M. Bouchet appelle *greffe-provin*, qui consiste à placer un greffon de plant américain sur le sarment couché en terre ; le greffon aura pris racine et se sera affranchi du pied qui lui fournissait sa nourriture lorsque le phylloxera aura mis cette souche dans l'impossibillité de lui fournir la sève nécessaire à son existence.

Nous pensons que soit le *greffe-provin* soit le *greffe-bouture* sont d'une application facile pour procurerà nos ceps des souches qui résistent aux attaques du phylloxera.

Visite à Cette et à Mèze.

La visite que le congrès a fait aux établissements de Cette et de Mèze, dirigés par MM. Noilly-Prat et Paul-Emile Thomas, intéressera peut-être fort peu quelques lecteurs de ce compte-rendu. Cependant, comme ces deux maisons sont, sans contredit, les deux plus grands établissements de cette nature qui existent dans le monde entier, comme ils ont été créés l'un et l'autre pour utiliser les vins communs du Midi qu'on avait l'habitude de livrer à la chaudière, comme ils vendent des vermoths et du vin imités d'une qualité supérieure à des prix à la portée de toutes les bourses, nous n'avons pas cru devoir passer sous silence la visite que nous leur avons faite le 30 octobre.

La maison Noilly-Part et Cᵉ est l'une des plus importantes de Cette, ses caves ont une étendue dont on n'a pas idée lorqu'on n'a pas visité les chaix du Midi de la France.

C'est dans cet établissement que l'on reçoit, que l'on conserve et que l'on donne le degré alcoolique jugé nécessaire pour les vins blancs que l'on destine à la fabrication du vermouth.

Ces vins ne sont pas convertis en vermouth à C:tte, ils sont dirigés sur Marseille, où se trouve la fabrique.

Ces vermouths d'une qualité réellement supérieure sont produits et vendus à de très-bonnes conditions.

C'est à Mèze que se trouve la fabrique de vins imités d'Espagne et de Portugal de la maison Paul-Emile Thomas.

C'est encore en, grande partie avec les vins communs du Midi que se fabriquent les vins imités doux et secs de Madère, de Xérés, de Porto, de Malaga, le muscat et tant d'autres dont les noms nous échappent.

Tous ces vins, arrivés en cave, sont portés à une température qui varie entre 60 et **72** degrés centigrades pour détruire les ferments qui pourraient les altérer.

Une grande partie de ces vins ont été mutés, au moment du pressurage, au moyen de fumigation sulfureuse : on sait que cette opération a pour but de conserver au vin la douceur, l'état qu'il a au moment où il sort du pressoir ; il marque alors dix degrés gleucométriques.

Ces vins subissent ensuite différentes transformations que nous n'essayerons pas d'indiquer.

Pour donner une idée de l'importance que la fabrication des vins imités a acquise dans la maison Paul-Emile Thomas, il nous suffira de dire qu'ils produisent annuellement plus de 300,000 hectolitres de vin qui ont un écoulement facile surtout en Russie, en Amérique et en Angleterre.

Les propriétaires de ces deux maisons de même que tous ceux que nous avons visités dans nos courses se sont montrés d'une affabilité, d'une complaisance sans égale, aussi chacun de nous a-t-il emporté le meilleur souvenir de l'accueil fait aux membres du congrès.

Je crois être leur interprète en leur exprimant notre vive reconnaissance.

P. TOCHON.

Chambéry, le 15 novembre 1874.

TABLE